¡Conocimiento a tope!

Tiempo tecnológico

Piensa como un científico de la computación

Cynthia O'Brien

Traducción de
Pablo de la Vega

CRABTREE
PUBLISHING COMPANY
WWW.CRABTREEBOOKS.COM

Objetivos específicos de aprendizaje:
Los lectores:
- Definirán qué es un científico de la computación y explicarán el trabajo que hacen.
- Describirán las maneras como razona un científico de la computación e identificarán cómo pensar de maneras similares.
- Harán conexiones entre las maneras en las que un científico de la computación piensa y sus actividades de todos los días o ejemplos.

Palabras de uso frecuente (primer grado) a, como, el, es, estos, hacer(n), la, nos, que, tú	**Vocabulario académico** científico de la computación, instrucciones, patrones, tecnología

Estímulos antes, durante y después de la lectura:

Activa los conocimientos previos y haz predicciones:
Pide a los niños que vean las imágenes de la tapa y la portada. Despierta su interés en el tema preguntándoles qué ven en las imágenes. Pregúntales si alguna vez han completado un rompecabezas, ensamblado piezas o creado un patrón. Luego, ayúdalos a activar sus conocimientos previos preguntándoles:

- ¿Qué piensan que tienen que ver patrones, piezas o rompecabezas con la tecnología?

Durante la lectura:
Después de leer las páginas 16 y 17, pide a los niños que consideren cómo los ejemplos de resolución de problemas se relacionan con la forma en que piensan los científicos de la computación. Anímalos a hacer conexiones entre conceptos previos del libro y los ejemplos de la vida diaria dados en ellos. Estimúlalos con preguntas como:

- ¿Cómo construir con bloques o cultivar plantas muestran las maneras como piensa un científico de la computación?

- ¿De qué otras maneras piensan ustedes como científicos de la computación?

Después de la lectura:
Pide a los niños que escojan un método para demostrar cómo piensan igual que un científico de la computación. Podrían crear un patrón, escribir instrucciones para hacer algo, analizar un problema por sus partes, etc. Organiza un paseo en el aula en el que los niños compartan sus ideas.

Author: Cynthia O'Brien
Series development: Reagan Miller
Editor: Janine Deschenes
Proofreader: Melissa Boyce
STEAM notes for educators: Janine Deschenes
Guided reading leveling: Publishing Solutions Group
Cover and interior design: Samara Parent
Photo research: Samara Parent

Print coordinator: Katherine Berti
Translation to Spanish: Pablo de la Vega
Edition in Spanish: Base Tres
Photographs:
iStock: FatCamera: p10, 11, 16; Highwaystarz-Photography: p18
Shutterstock: Pavel L Photo and Video: p21
All other photographs by Shutterstock

Library and Archives Canada Cataloguing in Publication

Title: Piensa como un científico de la computación / Cynthia O'Brien ; traducción de Pablo de la Vega.
Other titles: Think like a computer scientist. Spanish
Names: O'Brien, Cynthia (Cynthia J.), author. | Vega, Pablo de la, translator.
Description: Series statement: ¡Conocimiento a tope! Tiempo tecnológico | Translation of: Think like a computer scientist. | Includes index. | Text in Spanish.
Identifiers: Canadiana (print) 20200300849 |
   Canadiana (ebook) 20200300857 |
   ISBN 9780778784234 (hardcover) |
   ISBN 9780778784357 (softcover) |
   ISBN 9781427126603 (HTML)
Subjects: LCSH: Computer science—Juvenile literature. | LCSH: Computer scientists—Juvenile literature. | LCSH: Problem solving—Juvenile literature. | LCSH: Creative thinking—Juvenile literature.
Classification: LCC QA76.23 .O2718 2021 | DDC j004—dc23

Printed in the U.S.A./102020/CG20200914

Library of Congress Cataloging-in-Publication Data

Names: O'Brien, Cynthia (Cynthia J.), author. | Vega, Pablo de la, translator. | O'Brien, Cynthia (Cynthia J.). Think like a computer scientist.
Title: Piensa como un científico de la computación / Cynthia O'Brien ; traducción de Pablo de la Vega.
Other titles: Think like a computer scientist. Spanish
Description: New York : Crabtree Publishing Company, [2021] | Series: ¡Conocimiento a tope! Tiempo tecnológico | Includes index.
Identifiers: LCCN 2020034149 (print) |
   LCCN 2020034150 (ebook) |
   ISBN 9780778784234 (hardcover) |
   ISBN 9780778784357 (paperback) |
   ISBN 9781427126603 (ebook)
Subjects: LCSH: Computer science--Vocational guidance--Juvenile literature.
Classification: LCC QA76.25 .O2618 2021 (print) | LCC QA76.25 (ebook) | DDC 004.023--dc23
LC record available at https://lccn.loc.gov/2020034149
LC ebook record available at https://lccn.loc.gov/2020034150

Índice

Crabtree Publishing Company

www.crabtreebooks.com   1-800-387-7650

Published in Canada
Crabtree Publishing
616 Welland Ave.
St. Catharines, Ontario
L2M 5V6

Published in the United States
Crabtree Publishing
347 Fifth Ave
Suite 1402-145
New York, NY 10016

Published in the United Kingdom
Crabtree Publishing
Maritime House
Basin Road North, Hove
BN41 1WR

Published in Australia
Crabtree Publishing
Unit 3 – 5 Currumbin Court
Capalaba
QLD 4157

Científicos de la computación

Los científicos de la computación son personas que usan la **tecnología** para resolver problemas.

Este juego no funciona como debería. Los científicos de la computación pueden arreglarlo. Primero, encuentran el problema. ¡Una **instrucción** es incorrecta! Las instrucciones le dicen al computador qué hacer.

Los científicos de la computación piensan cómo debería funcionar el juego. Le dan una nueva instrucción al computador. Ahora, ¡las personas se pueden divertir con el juego!

Una manera de pensar

Los científicos de la computación hacen que la tecnología funcione mejor. Piensan en maneras más fáciles o más seguras de trabajar. ¡**Inventan** maneras para hacer la vida divertida! ¿Sabías que tú también puedes pensar como un científico de la computación?

Piensas como científico de la computación cuando acomodas cosas de una manera que haga más fácil encontrarlas.

Pensar como un científico de la computación nos ayuda a resolver problemas y completar tareas.

Piensas como científico de la computación cuando planeas tu lista de compras. ¡La lista de compras te ayuda a encontrar la comida rápidamente! ¡Te ayuda a que no se te olvide nada!

Resolviendo problemas

Los científicos de la computación analizan los problemas en cada una de sus partes. Encuentran la parte que causa el problema. Imagina que tu bicicleta se descompuso. Separemos el problema en partes pequeñas.

Mira todas las partes de la bicicleta. ¿Cuál no funciona?

¡Las ruedas necesitan más aire!

Después de que arreglas el problema con cada rueda, ¡tu bicicleta está lista para partir!

Encuentra los patrones

Los científicos de la computación encuentran **patrones**. Los patrones pueden mostrar qué partes pequeñas pueden arreglar un problema. Los patrones pueden mostrar qué **pasos** funcionan bien para resolver un problema. ¡También seguimos patrones! Un ejemplo lo encuentras al hacer algún deporte.

Primero, un jugador le pasa el balón a otro. Luego, el jugador patea el balón. Si el balón entra a la portería, ¡anotan un gol!

¿Qué pasa si un compañero del equipo no pasa el balón? El patrón no funciona. ¡**Repetimos** los patrones que nos ayudan a ganar!

¿Qué es importante?

Los científicos de la computación se **enfocan** en las partes más importantes del problema. ¿Qué necesitamos para arreglar el problema? ¿Qué parte podemos ignorar?

Imagina que necesitas empacar tu mochila para ir a la escuela. ¿Qué necesitas llevar a la escuela?

Es importante que lleves tu almuerzo.
Es importante que lleves tu tarea.

¿Es importante que lleves estos juguetes para jugar durante el recreo?

Paso a paso

Los científicos de la computación hacen las instrucciones para los computadores. Escriben pasos claros para que hagan una tarea o resuelvan un problema. ¡Nosotros también hacemos y seguimos instrucciones!

receta

Una **receta** es una serie de instrucciones.
Seguimos cada paso para preparar una comida rica.

Los juegos tienen pasos que debemos seguir. Estos pasos hacen que el juego sea divertido. ¿Alguna vez has ayudado a un amigo a aprender un juego? ¿Cómo le explicaste las instrucciones?

Uniendo piezas

Cuando piensas como un científico de la computación, ¡logras completar tu trabajo!

Puedes construir cosas con las piezas que necesitas y remover las piezas que no necesitas.

¡Puedes cultivar plantas siguiendo los pasos correctos! Primero, ponemos la planta en un lugar soleado. Luego, le damos agua. Después de hacer estos pasos, la planta crecerá. Podemos repetir el patrón con todas las plantas.

Tu turno

¿Estás pensando como un científico de la computación? ¡Veamos!

Haz una serie de pasos de baile para tus amigos.
¿Qué partes tiene tu baile? Ponlas en orden.
¿Tu baile tiene un patrón que se repita?

Anota las instrucciones que enseñarán a tus amigos
el baile. Primero, intenta seguir tú las instrucciones.
¿Necesitas arreglar algún problema?

Haciendo que funcione

Todos prueban juntos el baile. ¡Pero algo no funciona! Miras los pasos de baile uno a uno. ¿Cuál paso está causando el problema?

¡Sólo una persona puede hacer este paso!
¿Cómo resuelves el problema?

Quita el paso que no necesitas.
¡Ahora, el baile funciona!

Palabras nuevas

enfocan: verbo.
Que se concentran o centran su atención en algo.

instrucción: sustantivo.
Un paso que nos dice cómo hacer algo.

inventan: verbo.
Que crean algo nuevo.

pasos: sustantivo.
Acciones que suceden una tras de otra, con frecuencia para alcanzar una meta o hacer algo.

patrones: sustantivo.
Algo que se repite una y otra vez.

receta: sustantivo.
Un plan para hacer comida.

repetimos: verbo.
Que decimos o hacemos algo otra vez.

tecnología: sustantivo.
Las herramientas que nos ayudan a hacer nuestras actividades.

Un sustantivo es una persona, lugar o cosa.

Un verbo es una palabra que describe una acción que hace alguien o algo.

Un adjetivo es una palabra que te dice cómo es alguien o algo.

Índice analítico

Sobre la autora

Cynthia O'Brien ha escrito muchos libros para jóvenes lectores. Es divertido ayudar en la creación de una tecnología como el libro. Los libros pueden estar llenos de historias. También te enseñan acerca del mundo que te rodea, incluyendo otras tecnologías, como los robots.

Para explorar y aprender más, ingresa el código de abajo en el sitio de Crabtree Plus.

www.crabtreeplus.com/fullsteamahead

(página en inglés)

Tu código es:
fsa20

23

Notas de STEAM para educadores

¡Conocimiento a tope! es una serie de alfabetización que ayuda a los lectores a desarrollar su vocabulario, fluidez y comprensión al tiempo que aprenden ideas importantes sobre las materias de STEAM. *Piensa como un científico de la computación* ayuda a los lectores a hacer conexiones entre las ideas principales y algunos ejemplos del texto. La actividad STEAM de abajo ayuda a los lectores a expandir las ideas del libro para el desarrollo de habilidades tecnológicas y artísticas.

Haz instrucciones como un científico de la computación

Los niños lograrán:
- Entender cómo, para completar tareas, los científicos de la computación crean instrucciones claras y enfocadas.
- Escribir e ilustrar instrucciones paso a paso que ayudarán a un compañero a completar una actividad.

Materiales
- Hoja «Cómo _____».
- Ejemplo completo de «Cómo _____».
- Pizarra blanca con marcadores.

Guía de estímulos
Después de leer *Piensa como un científico de la computación*, pregunta a los niños:
- ¿Quiénes son los científicos de la computación? ¿Qué hacen? Repasa las páginas 4 a 7.
- ¿Cuáles son algunas de las maneras como piensan los científicos de la computación para resolver problemas? Guía a los niños a identificar las siguientes: analizar un problema, enfocarse en las partes más importantes, encontrar y seguir patrones y hacer instrucciones paso a paso.

Actividades de estímulo
Haz una lluvia de ideas sobre las maneras como los niños siguen instrucciones todos los días. Anótalas en la pizarra blanca. Luego, pregunta a los niños si alguna vez han escrito instrucciones para alguien más. Habla acerca de lo que hace que unas instrucciones sean buenas.

Haz referencia a los conceptos en el libro: las instrucciones son claras, incluyen sólo las partes más importantes y con frecuencia incluyen patrones fáciles de repetir.

Entrega a cada niño una hoja «Cómo _____» y explica que deberán escribir instrucciones paso a paso que ayuden a alguien a participar en alguna de sus actividades favoritas. Da algunos ejemplos, como batear, jugar a las escondidas o hacer un dibujo. Explícales que cada paso debe ser acompañado de un dibujo que muestre a sus compañeros cómo completar el paso de manera exacta. Pide a los niños que llenen la hoja y presenten las instrucciones a sus compañeros.

Extensiones
Pide a los niños que lleven los materiales necesarios y que pongan a prueba las instrucciones. Quizá sea conveniente mandar a los padres de familia una nota para que permitan a sus hijos llevar los materiales. Pide a los niños que digan qué partes de las instrucciones funcionaron bien y cuáles podrían ser mejoradas. Permite a los niños hacer las mejoras.

Para ver y descargar la hojas de trabajo, visita **www.crabtreebooks.coms/resources/printables** o **www.crabtreeplus.com/fullsteamahead** (páginas en inglés) e ingresa el código **fsa20**.